U0251334

阿朴◎著

keyin Shiguang

手 感 橡 皮 章 图 案

刻印时光

广东旅游出版社
GUANGDONG TRAVEL & TOURISM PRESS

悦读书·悦旅行·悦享人生

中国·广州

图书在版编目（CIP）数据

刻印时光：手感橡皮章图案 / 阿朴著.—广州：广东旅游出版社，2019.4
ISBN 978-7-5570-1740-8

Ⅰ.①刻… Ⅱ.①阿… Ⅲ.①印章－手工艺品－制作 Ⅳ.①TS951.3

中国版本图书馆CIP数据核字（2019）第048662号

阿朴◎著

Keyin Shiguang
Shougan Xiangpizhang Tu'an

手 感 橡 皮 章 图 案

刻印时光

◎出品人：刘志松　　◎责任编辑：梅哲坤　　　◎责任技编：冼志良　　◎责任校对：李瑞苑
◎总策划：俞涌　　　◎统筹：许勇和 肖恩瑜　　◎监制：陈茹　　　　　◎策划：王玫 陈茹 夏焕怡
◎设计：倪璐

出版发行：广东旅游出版社
地址：广东省广州市环市东路338号银政大厦西楼12楼
邮编：510060
邮购电话：020-87348243
广东旅游出版社图书网：www.tourpress.cn
企划：广州漫友文化科技发展有限公司
印刷：深圳市精彩印联合印务有限公司
地址：深圳市光明新区白花洞第一工业区精雅科技工业园
开本：787毫米×1092毫米　1/16
印张：6.5
字数：81.25千字
版次：2019年4月第1版
印次：2019年4月第1次印刷
定价：69.00元

与橡皮章一起
创造的慢生活

　　屈指算算，自初次接触橡皮章至今，竟然已经有 8 年了，这对于一向耐性不佳的我来说简直可算奇迹（笑）。不过想想，这其实也在情理之中，毕竟对于真正喜爱的事物是不需要谈耐性的。

　　刻章、玩章的乐趣，让我在 8 年里桌面上一直不缺少橡皮砖的碎屑，抽屉和收纳箱里塞满各种工具材料；也是在这 8 年里，我出版了《橡皮章中毒 1》和《橡皮章中毒 2》两本橡皮章教程书，尝试了一些有趣的玩法，结识了更多有共同爱好的读者和朋友，这一切都在推动我快乐地继续与橡皮章相伴的生活。我想，这对一个橡皮章玩家来说，绝对是充满惊喜的收获以及最好的回报了。

　　我对橡皮章的爱已宣之于口很多次，因为它趣味十足，它赏心悦目，以及它有用。对，有用。目前国内的橡皮章玩家大概能分出三种偏好：刻自己喜欢的动画、漫画及文艺作品的相关图案；将橡皮章当作简易的版画来创作充满艺术风格的美术作品；还有就是我这样的，刻出来就想着它可以用到哪里。这种希望自己做出的东西能够尽量发挥出实用性的喜好，充满了"过日子"的感觉，而橡皮章总能够很好且具创意性地为我完成任务，有时一枚小小橡皮章表现出的"万能"甚至让人吃惊。

　　听着音乐，开着喜欢的动画或电视剧当 BGM，让刻刀沿着图案线条游走，产出一枚属于自己的橡皮章。我常常会沉浸在这种放松又惬意的气氛当中，感觉连时间似乎都慢了下来。而利用橡皮章装点身边的各种事物，让能接触到的东西都带上橡皮章的印迹，除了起到美化的作用，看到它们，想起雕刻、使用这些章子的过程，也重温了当时的快乐和赏玩、琢磨的趣味。

　　一个因橡皮章而存在的独有的小世界，是如此的令人眷恋。

　　在这本书里，我想与大家一起分享怎样让橡皮章在你的生活中占据一席之地，让它为你的生活带来更多色彩，更多有趣的点子，更多实用的玩法，最重要的，带来一种不急不忙，悠悠过自己喜欢的日子的节奏。它也许水平还不足，但我期待它能带给读到这里的你哪怕一个小小的启发、一个令人愉悦的想法，那会使我因橡皮章而收获的快乐和满足成倍增加。

阿朴

目录 | Contents

01 自序

Chapter 1

纸上游戏

纸是橡皮章最基本的盖印介质，
也是最能展现橡皮章细节和美感的承载物。

虽只是薄薄一张，纸却可以千变万化，
而橡皮章也可以随着它形态的改变，
始终如一地装扮它、标示它，使它更具魅力。

书签是最容易用橡皮章制作的小文具。长方形也好，圆形也好，都能随心所欲地盖出不错的效果。配合浮雕粉和珍珠粉、珠光胶、水钻或珍珠贴，还可以让书签更加美观。

三角书签

- - - - - - 折叠线
/////// 上胶粘贴位

90°

剪出一个直角的两条边长度相等的三角形，然后按图上虚线标示的位置折叠，再粘贴斜线处，就得到一个三角书签啦！

注意直角的两条边越长书签就越大，反之就越小。按自己的喜好来制作吧！

可以套在书角上的三角书签很别致，制作起来也很容易。

同一个图案，只要改变一下盖印排列的位置，就能形成新的图案哟，来试试吧。

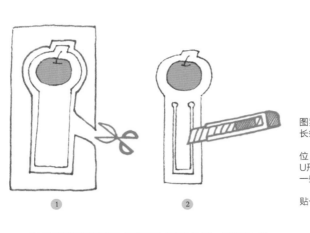

① ②

异形书签

1. 在稍厚一些的卡纸上盖好图案，画出图案的外轮廓以及图案下方要插在书页上的长条部分，并剪下来。

2. 在图案下的长条上画出"U"形的切割位，用美工刀小心镂空它。拿锥子或图钉把U形的顶端部分戳成圆孔，对防止撕裂能起到一些作用哦。

想要书签更光亮或防水，还可以在表面贴一层冷裱膜。

自己用美工刀制作"啤版"异形书签。即使合起书来也能看到露出部分，效果有趣，让人喜欢。

只要加两块软磁铁，就能做出具有夹子功能的磁吸书签，用在手账里也很方便。橡皮章的镜像式盖印发挥了大作用哦。

磁吸书签

1. 先在对折的长条卡纸一端盖好图案。

2. 在表面光滑的橡皮砖（如白豆腐橡皮砖、凉粉橡皮砖、果冻橡皮砖）上盖印图案。手要稳，别太用力，不然图案会模糊变形哦。

3. 将留有图案的橡皮砖对准位置，盖印在卡纸的另一端。可以稍按久一些，让图案的印油尽可能全留在卡纸上。

4. 现在你得到了一个翻转了方向的镜像图案！这就是橡皮章的镜面盖印方法。也可用透明OPP袋的玻璃纸代替橡皮砖来转印，如有美国产的镜面印章更佳。但这个方法还是更适用于线条图案，有大面积色块的图案效果较差。

5. 接下来将折叠的卡纸沿图案轮廓剪成想要的形状。

6. 在卡纸内侧合适的位置粘贴两块软磁铁，还可以粘一条缎带，装饰、标示两不误哦！

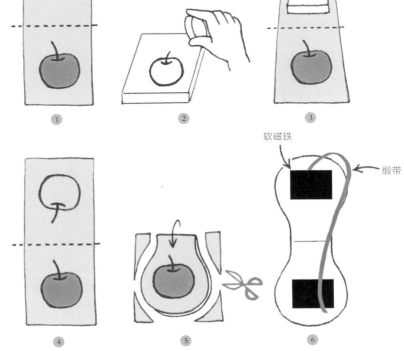

软磁铁

缎带

① ② ③

④ ⑤ ⑥

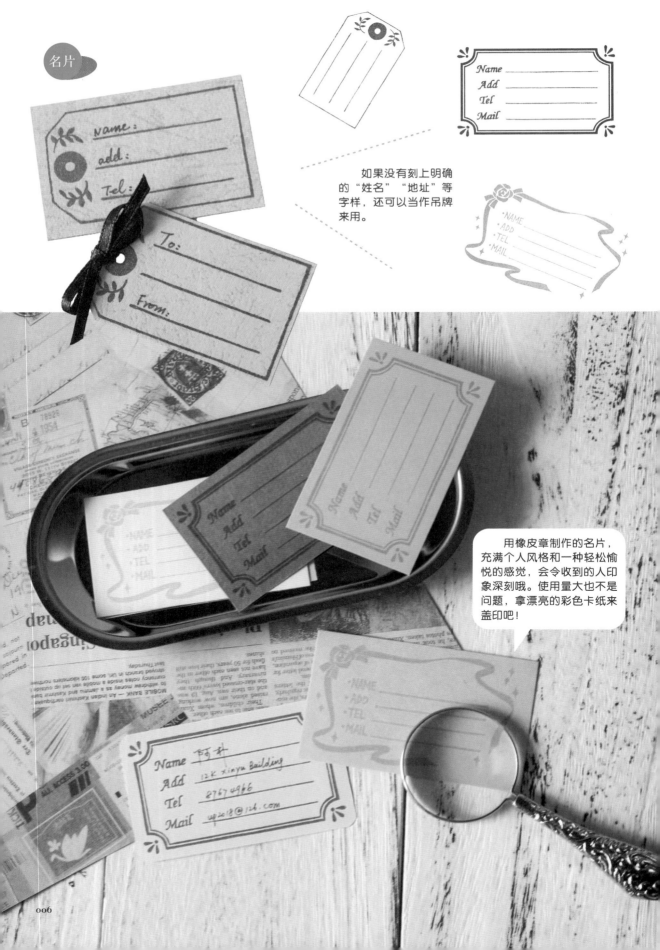

名片

如果没有刻上明确的"姓名""地址"等字样，还可以当作吊牌来用。

用橡皮章制作的名片，充满个人风格和一种轻松愉悦的感觉，会令收到的人印象深刻哦。使用量大也不是问题，拿漂亮的彩色卡纸来盖印吧！

Hello.

问候卡

无论什么季节，无论刚刚相识还是多年老友，都可以用一张橡皮章制作的别致卡片带去你的问候。

制作贺卡时，正是浮雕粉大展身手的场合哦！

浮雕粉的使用方法

1. 浮水印泥一般是透明的具有黏性的印泥。而浮雕粉本身是粉末状，在高温下融化后会在附着的地方形成微微凸起的膜，因此俗称凸粉。

先在橡皮章的表面拍好浮水印泥，然后在卡片上盖印。

2. 卡片下铺一张废纸，在图案表面倒上浮雕粉。轻轻晃动卡片让粉末均匀粘满图案。

3. 将卡片立起来在废纸上磕一磕，也可轻轻弹击卡片背面，让多余的浮雕粉掉下来。

4. 对折垫在卡片下的废纸，把从卡片上磕掉的多余的浮雕粉倒回瓶里，下回可以继续使用。

5. 把热风枪预热一会儿，然后对准上了浮雕粉的位置吹，浮雕粉即会融化。

被热风枪吹过的卡纸一般会微微翘起，在厚书之类的重物下压一夜就能恢复平整了。

★阿朴的特别说明：

浮雕粉的详细介绍和多种使用方法在《橡皮章中毒2》中有大篇幅讲解，本书作为图案集只做简要介绍，不再重复，敬请见谅。

THANK YOU

感谢卡

这是一张用多个小小的橡皮章组合盖出的感谢卡。小章子的神奇之处就是，简单的图案可以进行千变万化的组合，不同的颜色，不同的排列方式，就能呈现令人惊喜的效果。要不要试试呢？

Happy New Year

新年卡

自己动手来制作一张新年贺卡吧！琢磨怎样用橡皮章呈现理想的效果，本身就是一件非常有乐趣的事呢。

I LOVE U

母亲节卡

　　淡雅的素色平铺套色图案，适合制作送给妈妈的卡片，感谢她为我带来感受幸福的生命，以及快乐地动手玩章的每一天。

① ② ③ ④

套色章的制作方法

1. 首先选好一个图案，刻出线条章。再按线条章盖印出的图案将要进行套色的部分描一次图，刻同一个图案的阴影章。这样可以避免刻好的线条章在刻制时与最早的原图产生出入从而影响到后面套色章的准确性。

2. 刻好的阴影章需要沿轮廓切除外留白部分，在套色时有利于对准。耐心地一点点切吧，下刀时尽量保持垂直。

3. 将阴影章对准已经盖好的线条图案印下去，沿轮廓切除外留白的好处这时就体现出来了。

4. 同一个线条章，可以套出多个不同花样、颜色的图案来，这正是套色的乐趣所在。

★ 阿朴的特别说明：
套色的详细方法在《橡皮章中毒1》中有大篇幅讲解，本书作为图案集只做简要介绍，不再重复，敬请见谅。

简单的心形图案，配合蒙版可以制作出十分有趣的效果，卡片显得诚意满满！当然，配色也非常重要哦！

蒙版的制作方法

1. 在废纸上剪出想要的形状，然后把废纸用低黏性纸胶带固定在要做效果的卡纸上。

2. 在镂空的位置盖印图案，直至盖满整个镂空处。

3. 拿掉作为蒙版的废纸，留下的就是由多个印章图案组合而成的特定形状。

生日卡

一年一次的生日，需要
艳丽可爱的色彩来衬托。用
橡皮章制作的贺卡可以为你
的礼物锦上添花！

普通的彩纸，用橡皮章印上图案就成了充满情调的信纸和信封。

　　按自己的需求制作出大小和开口方向不同的信封，不光可以入放信件，还可以装很多东西哦。

横版信封

　　1. A4纸如图示一般，下窄上宽进行折叠。在折叠前可以把要装的东西放在中间位置试一下大小，视需求调整上下折的位置。

　　2. 折好后再将左右两端向内折叠。

　　3. 将纸展开后沿折痕裁去不要的部分。

　　4. 如图所示，将多处地方裁为斜角。

　　5. 恢复折叠状态后，将上盖放下试长短，裁掉过长的部分。

　　6. 将下盖与左右两边粘贴。装入信纸或其他需要的东西之后，即可封好上盖。

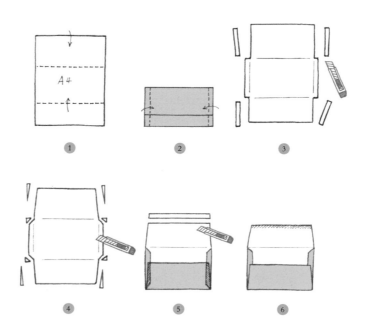

① ② ③

④ ⑤ ⑥

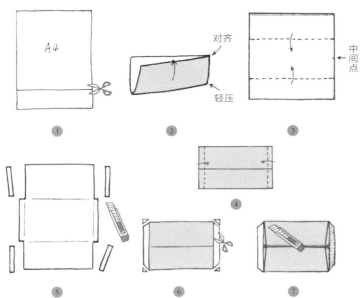

竖版信封

1. A4复印纸很适合用来制作信封。先裁掉如图示大小的一块，具体尺寸不需要多精确，因为后面可以按实际情况调整。

2. 将纸的两角如图对齐，在中间位置轻轻用手压一下，留一个便于找准的痕迹即可。

3. 以刚才轻压出的痕迹（即纸张边长的中间点）为准对折。另一边同样以中间点为准，但要超出一点做粘贴位哦。

4. 上下都折好后先不粘贴，而是将左右两端向内折叠。

5. 把纸完全展开，如图示一般沿着折痕裁掉不需要的部分。

6. 恢复折叠状态后，竖版信封的型已经出来了，将两边的封口处剪成斜角。

7. 为了便于取出信封中的东西，再将要被粘贴到的位置如图所示略裁成"V"形。裁好之后就可以把之前未粘贴的中间部分以及一端的封口粘贴起来了。

空白的纸袋，有
了橡皮章的装点，马
上就变得不一样了。

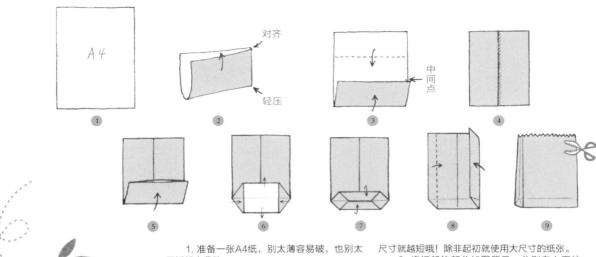

1. 准备一张A4纸，别太薄容易破，也别太厚折起来费劲。

2. 将纸的两角如图对齐，在中间位置轻轻用手压一下，留一个便于找准的痕迹即可。

3. 以刚才轻压出的痕迹（即纸张边长的中间点）为准对折。另一边同样以中间点为准折叠，但要超出一点做粘贴位哦。

4. 将两边粘贴起来。现在成了一个上下通着的长方筒。

5. 将下方开口处向上折叠，折得越多，纸袋的底就越大。注意，底越大，上方纸袋本身的尺寸就越短哦！除非起初就使用大尺寸的纸张。

6. 将折起的部分如图所示，分别向上下拉开去，将左右两边向内折，形成两个底边相连的梯形。

7. 再将上下两个梯形的短边向内折叠，其中一边超出一点做粘贴位。

8. 底部粘贴好后成为一个倒梯形，将左右两边以梯形短边为准向内折叠。因为是两层纸，所以折时稍微多用一点力吧。

9. 利用折痕将纸袋撑开，底部也展开成为可以平放东西的状态。纸袋口可以用花边剪再修饰一下。

普通纸袋

加入装饰贴纸和缎带等素材，还可以制作出不同形态的纸袋。

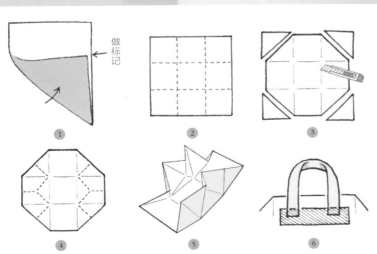

做标记

三角糖袋

1. 准备一张A4纸，用折正方形的方法将左下角向上卷起，但不要折出实在的折痕来，并用笔标好要裁切的位置。

2. 裁去不要的部分，得到一个正方形后，将之如图折出九宫格的痕迹。

3. 裁去四角的四个三角形。

4. 这一步比较麻烦，建议使用划痕工具——牛骨刀或没水的圆珠笔都可以。按图所示，划出要折的所有线条。注意力度哦，别把纸划破了……

5. 按照划痕，将所有划线向正方形中心折叠。感觉有点像包包子呢……折成后从侧面看纸袋会是一个三角形呢。

6. 在合拢的两边开口，用与纸袋同色的纸把做提手的缎带封在里面即可。为防散开，可以用纸胶、魔术贴或按扣解决问题。

利是封

　　连新春利是封也可以自己DIY哦，一定能让你在红包大军中脱颖而出！它其实是就是小号的竖版信封，只是把一边封口处做得大些而已。

普通的小纸盒，用橡皮章来让它变得不普通吧。

像火柴盒一般可以抽拉的小纸盒，能完全按照需要的大小来制作哦！再用橡皮章装点一下，就可以成为充满趣味的小包装。

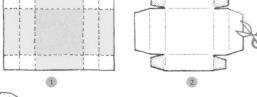

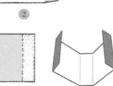

火柴盒式纸盒

1. 制作小纸盒需要厚一些的卡纸。具体大小视要装入的东西来调整即可。

图中灰色部分是装入东西的长与宽，黄色部分则是东西的厚度。就这样按实际情况，用划痕工具划出要折叠的线吧！

2. 沿着划痕将卡纸剪成图中的样子。注意上下及两侧要剪成斜边的部分哦。

3. 把卡纸按划痕向内折叠，将四个小"翅膀"粘贴，内盒就做好了。为方便抽出，还可以在一端打孔，穿上拉绳。

4. 接着做外面的纸套。灰色部分是已经做好的内盒的长宽，黄色部分则是其厚度。拿已经做好的内盒来比画一下就知道了。最右侧画了斜线的部分是粘贴位，要比黄色窄一些哦。

5. 把卡纸按划痕折叠，再上胶粘贴即可。粘贴前可以将内盒插入纸套内试一下大小，粘贴时稍松一些，便于内盒取出。

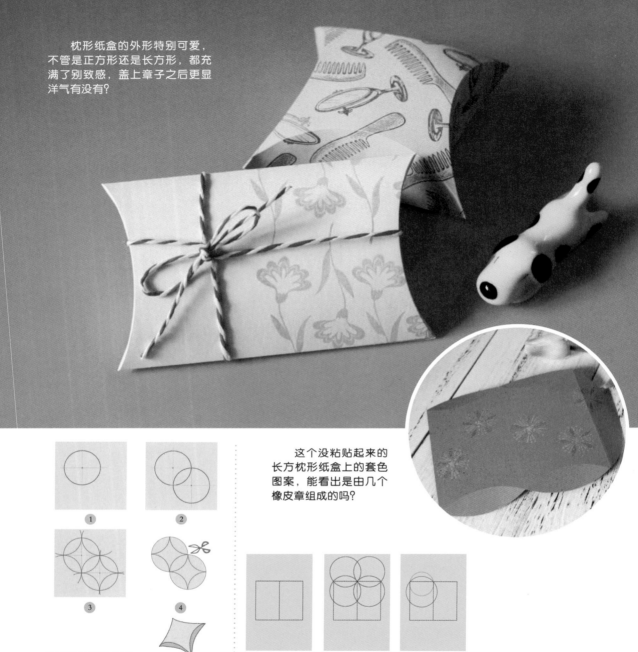

枕形纸盒的外形特别可爱，不管是正方形还是长方形，都充满了别致感，盖上章子之后更显洋气有没有？

这个没粘贴起来的长方形枕形纸盒上的套色图案，能看出是由几个橡皮章组成的吗？

正方枕头盒

1. 在稍大的卡纸上用圆规画一个直径10厘米以上的圆形，再用铅笔画出十字线。

其实用CD光盘这样固定大小的圆形物体更方便，我是用纸巾筒的底座来画的。

2. 如图般再画出一个同样大小的圆形，与第一个交叠，同样用笔标出十字线。画的时候别太用力，能看清痕迹就行啦，后面要擦除。

3. 以十字线为准，用同大的圆为两个交叠的圆形画出铜钱般的形状。

4. 将两个交叠的圆形剪下，用划痕工具将标红的线划出比较深的痕迹来。

如果用CD光盘或其他圆形物体画圆，在划痕这步时可直接沿着物体的圆边进行，就方便多啦。

5. 小心地按划出的痕迹将卡纸向内折，最终两个圆合拢在一起，变成纸盒。

长方枕头盒

1. 先在卡纸上按要装入的东西的长宽，用铅笔画出两个相同大小的长方形。

2. 用圆规或其他圆形的东西，以两个长方形的短边为准，如图画出四个圆形。

3. 想要盒子越扁，圆形就要越大。反之就像红色的圆一样，越小盒子就越鼓哦。

4. 与第二步相同，在两个长方形另一侧的短边画出四个圆形。

5. 擦去八个圆形不需要留的部分，并在长方形的长边一侧加画一条粘贴位。

6. 将画好的纸样剪下来，并将粘贴位两端剪剪便于粘贴的斜角。

7. 用划痕工具将图中虚线位置稍用力地划出痕迹来，再小心折叠、粘贴，即可完成。

如果觉得聚会时用的纸杯、纸盘太过平淡
且不好分辨，不如在上面盖印上各种图案吧！
只需要几个小印章，换换颜色和排列方式，就
能变成既好看又独特的餐具了。

忘了买包装纸？没关系，
用橡皮章DIY吧。这可是市面
上买不到，独一无二的哦！

★DIY：Do It Youself的简写，意为
自己动手做，现通常指手工

各种漂亮的边框一直是我的最爱，把它们刻成橡皮章，再制作成便利贴，真是既好看又实用。

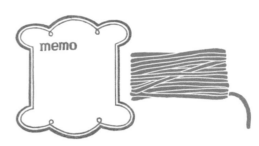

模仿绕线板设计的MEMO橡皮章，把绕线板和上面缠绕的线分成两个橡皮章来刻，既可以换色，又可以做成有趣的小机关。

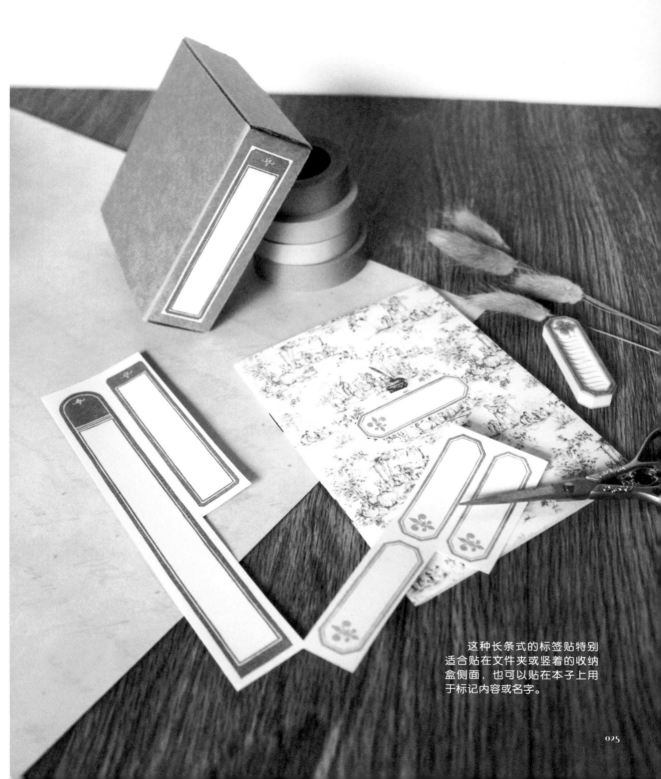

这种长条式的标签贴特别
适合贴在文件夹或竖着的收纳
盒侧面，也可以贴在本子上用
于标记内容或名字。

把标签图案的橡皮章盖在空白的不干胶贴纸上，可以为分类收纳带来更多便利，真的非常实用呢。

不是方框形的图案也一样能用于标记书写。

多彩可爱的封口贴,既实用又美观。

两个橡皮章组合使用,还可以形成多种组合,趣味十足。

有了橡皮章，装饰性的邮票贴纸也可以随意制作。蒙版又派上用场啦！框内可以放入各种风格的图案，怎样都新鲜。

吊牌也是特别适合用橡皮章
制作的实用小物，既可装饰又能
留言，方便好看。上面串绳的洞
使用打孔器来完成就好。

可以单独盖印，也可以叠印成第三个图案。在两端打孔后串绳，连礼物捆扎的方式都可以多点变化呢。

除了盖印后再剪切好的吊牌，直接盖印后加上两笔，效果也别具一格。

本册装饰真是显示橡皮章优越性的好用法。让千人一面的本子
变身为独家所有物，只需要选择喜欢的图案盖下去就好！
这几个图案使用角刀来雕刻会更便利，也更有感觉哦。

藏书票

Chinese Architecture:
Art and Artifacts

为什么研究
中国建筑

FOREIGN LANGUAGE TEACHING AND RESEARCH PRESS
外语教学与研究出版社

EX-LIBRIS

EX-LIBRIS

EX-LIBRIS

EX-LIBRIS

EX-LIBRIS

"EX-LIBRIS" 由拉丁文演变而来，代表着私人藏书。藏书票的
作用是书籍归属的标志，也是美化、装饰书籍的一种方式。
属于微型版画的藏书票，我们用橡皮章也可以做出来哦！

手账

近几年，手账越来越受欢迎，大家都想对自己的手账进行有个性的美化，而这又是一个橡皮章能大展身手的场合哦！

TO DO LIST

手账的一大功能"任务安排"，用专属的橡皮章来记录和标记，好看又方便。一个个对勾打上去，又是圆满完成任务的一天！

蜂巢形状可以任意排列，加入数字序号章即可成为美观又个性的计划表啦。

可以做为单个的MEMO橡皮章使用，也可以加入TO DO LIST（待办事项）的打卡小格子灵活组合。

1 2 3 4
5 6 7 8
9 0

Planner
TO Do List

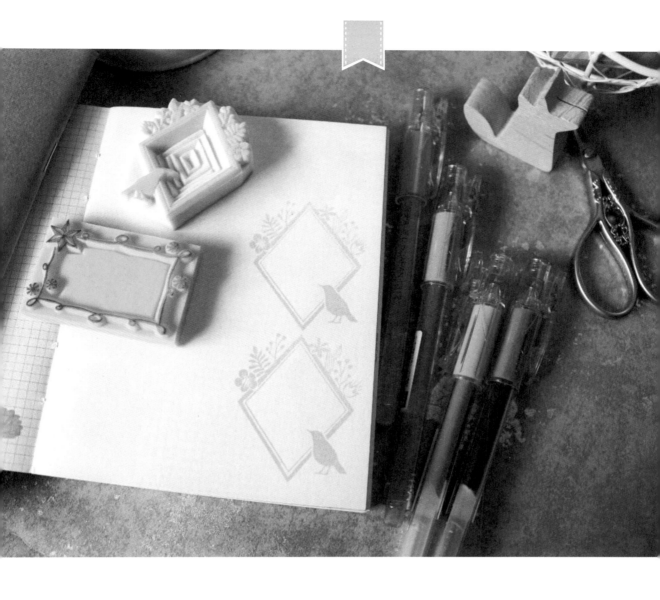

边框与花边

　　能圈起特定内容的各色边框，用来调剂手账的版式十分便利。

花边可以任意划分区域或起分隔作用，
也可以组合成不同形状的边框哦！

用刻章时的边角料来制作百搭的小元素吧！不管是可爱的卡通风格表情还是装饰小物都可以让纸面变得活泼多彩起来。

"橡皮章+纯色和纸胶带=独一无二自制和纸胶带"！
可以先把胶带贴在离型纸上再盖印。注意要等图案干透哦，使用速干类的印泥效果会比较好。

不管是不规则、无规律的图形还是规则的、
连续的图案，都充满了独特的趣味。

与沉重的木相框、金属相框相比，纸相框给人的感觉随性轻盈，而且能用橡皮章来DIY一下。

原本单色的相框与印章相遇，素雅的色调或明亮绚丽的颜色，全都可以随心所欲。还可以配合小夹子把相片挂在拉绳上哦！

纸相框

1. 将稍厚一些的A4纸对折。

2. 把要插入的照片下端与纸对齐，放在中间做大小参照，在照片左右和上方都留出一定空白后，裁掉多余的部分。

3. 在照片两侧稍留出一点空白，以免将照片卡得太紧，然后将纸向背面折叠。

4. 将纸展开，如图沿折痕裁掉对折一边两侧的部分，再将另一边未裁掉的部分切成斜角。

5. 如图所示，将有叉号的部分挖空。注意方形挖得越大，照片露出的部分就越多。再将两侧的"翅膀"上胶粘贴即可。

上方的半圆形小挖空，是为便于插入和抽取照片而设计的。

把小张的照片或纪念卡片收纳装入简易的折叠小相册，轻便、整齐、不占空间，也可以像小屏风一样立起来进行展示。

用橡皮章为小相册做个封面，再点缀一下内页，看起来是不是更棒了呢！

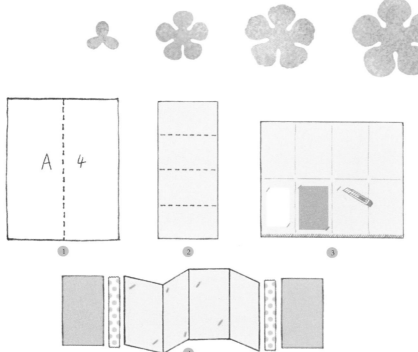

纸相册

1. 将稍厚的A4纸竖向对折。

2. 把折好的竖条再折为四等份。注意要按一正一反的"Z"字形折叠哦。

3. 把纸展开，在折痕分出的八等份格子里，用美工刀按需要切割出能卡入照片或卡片的斜切口，然后将纸恢复为竖向对折，再把长边粘贴起来。

4. 选颜色相配的厚卡纸做封面和封底。将卡纸裁成与折叠后的内页同样大小，再用漂亮的和纸胶带与内页粘贴在一起，迷你折叠相册就做好啦！

宽大空白的扇面简直太适合橡皮章
发挥了，忍不住让人想赶快DIY起来！
轻摇一下，扇面上的雪花和阵阵凉风会
在盛夏中为你送上清凉。

　　折扇其实也没问题哦，只要盖印好
扇面再进行装裱就行啦！

天生就具备装饰功能的橡皮章，通过组合搭配来制作一幅画也完全不在话下。除了常会用到的浮雕粉、珍珠粉等辅助材料之外，还可以自行配合水彩、彩铅、马克笔、蜡笔等丰富画面效果。盖印形成的独特风格，在装入画框后更加漂亮了呢。

名片夹

便于随身携带、轻薄的纸制名片夹，经过仿绣线图案橡皮章的装点是不是更清爽一些呢？

如果用水洗牛皮纸来制作的话，会更有质感也更加耐用哦。

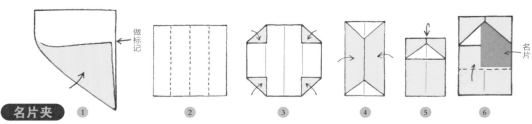

做标记

名片

名片夹 ① ② ③ ④ ⑤ ⑥

1. 准备一张A4纸，用折正方形的方法将左下角向上卷起，但不要折出实在的折痕来，并用笔标好要裁切的位置。

2. 将裁好的正方形折叠分为竖条的四等份。

3. 将四角对准折痕向内折叠。

4. 再如图把折了角的两侧向中心对折，然后将纸翻面。

5. 把翻面后的纸上端向下折。记得不要紧贴着三角的尖端折，而是留出一点距离。

6. 拿一张9厘米×5厘米的名片如图般竖着插进折好的"口袋"中，然后以它做参照，稍留出一点距离，将下方的纸向上折。

7. 把下方折好的一端插入上方的"口袋"里。

8. 完成。因为已折叠过，只需合上它就行啦。

⑦ ⑧

这是几乎每天都能用到的单品呢。用具有北欧风格的橡皮章图案进行装饰，对比鲜明的颜色让人眼前一亮。

经常使用的话，也建议用防水防磨、不怕折的水洗牛皮纸来制作，一定会很棒！

表面平铺盖印图案，内部
来一点变化，效果也很棒吧！

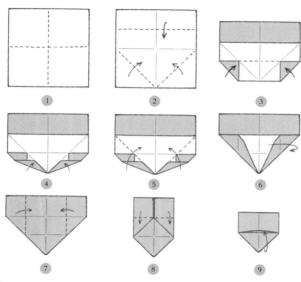

纸钱包

1. 准备一张边长40厘米的正方形纸。田字格对折成四等份。
2. 将上半部分向中线对折，下半部分则是两角向中心点对准折叠。
3. 展开下半部分，将底端向中线对折，再展开后对准折线把两角折起。
4. 利用下半部分的三角折痕，如图所示再做一次折叠。
5. 沿着三角折痕，把下半的两角再次向内折叠。
6. 将已经变成三角裤形状的折纸翻转。
7. 把"三角裤"两边向中线对折。
8. 如图将上端再向下折叠。
9. 把下方的三角插入上方折下来的开口当中，大功告成！

透明的双层水杯，内胆图案看的时间久了真想换一换呢。没问题！自己用橡皮章来组合搭配吧！想换多少张都可以哦。

Chapter 2

▼

布面起舞

橡皮章在各种织物上都可以表现出色。
如果说用它盖在纸上像自己在做印刷的话，
用它盖在布上，就像自己在制造布料一般。
而布作为我们生活中不可或缺的存在，
与橡皮章的结合带来的是更多美观又实用的例子。

让花朵盛开在胸前吧。温暖的色彩有没有为你带来好心情呢?

由自己刻的橡皮章盖印出的一件T恤,值得向大家炫耀一下哦!

注意!只有使用布用印泥,并在盖印完成后用熨斗160度熨烫15秒以上定色,才能保证织物在进行水洗时不会脱色哦。

棉布束口袋、帆布笔袋、棉麻背包……全都能用橡皮章进行个性化装饰。

不过需要注意，布料最好选用棉、麻、亚麻混纺以及比较细腻的帆布。不推荐比较粗的纤维、易起毛的布料以及绸缎哦，不然章子的细节无法保证，成品效果会差很多呢。

一个空白的抱枕套，用橡皮章装饰之后马上变样了。与纸一样，在布上也可以运用遮蔽蒙版方法，这样可以获得更多有趣的效果呢。

为保证成品的效果，如果不太有把握的话，可以先在纸上按自己的想法试印，然后再正式在布上盖印哦。

虽然现在大家都习惯使用纸巾，但环保的手帕依然有其存在价值，尤其是自己盖印了图案的手帕，既独特又好看，真的不来试试吗？

伴随夏天到来而增多的雨水，
雨具要准备起来啊。雨伞也是可以
被橡皮章改造的呢。

注意，由于雨伞使用的面料比较特殊，如果觉得一般的
布用印泥效果难以保证，可以使用日本月亮猫牌StazOn系列
速干万能印台。

越来越多的人开始为自己喜爱的书籍或本册做保护，布书衣也渐渐受欢迎起来。

喜欢素色但又不想太过清淡，不妨用橡皮章做些点缀吧。一角也好，成片也好，都可以随心所欲呢。

用橡皮章做的布包扣，比普通布料做的包扣更方便控制图案的位置。

把做好的包扣和皮筋连接在一起，还可以制作成可爱的发绳！

3

Chapter 3
▼

印满世界

有了多用途印台，
橡皮章几乎能在所有光滑、平整的物体表面盖印，
还能与一些特殊的介质结合制作出新奇的手作作品，
这也为我们的玩章之旅带来了更多乐趣。

火漆　充满唯美复古风格的火漆封缄，用橡皮章结合火漆蜡一样能制作。再也不用为金属火漆章没有自己喜欢的图案而遗憾啦。

注意！用于火漆的橡皮章图案最好不要出现太多细节或细线，以免在火漆冷却时被扯掉哦。

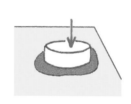

①   ②   ③   ④

火漆的使用方法

1. 把火漆蜡条切成小块，也可以直接拿蜡条抵在被加热的小勺里进行烧融。

2. 把切碎的火漆蜡放进小勺里，在蜡烛上烧融。注意别过热，不然火漆蜡会起泡。

3. 将融化的火漆蜡小心地浇在目标位置上。注意把要封的信件或物件放平，否则还呈液态的火漆会流向低处。

4. 静待十来秒，这期间用手指抹薄薄一层液体油在橡皮章表面，火漆不那么烫了再把橡皮章盖上去，不要太用力哦。等边上的火漆确实凝住再慢慢拿掉橡皮章。

同一个图案，分别以色块和线条形式表现，呈现出的效果大为不同哦。使用在火漆上感觉是两个不同的印章呢。

把火漆滴在亚克力板或玻璃板等光滑不怕烫的东西上，等其自然凝固再取下来，配合胶类就成了可以用在各种地方的火漆片。做好的火漆再用金色或银色的油漆笔描一下，又是一种新奇的效果。

★阿朴的特别说明：
火漆章的详细介绍和多种使用方法在《橡皮章中毒2》中有大篇幅讲解，本书作为图案集只做简要介绍，不再重复，敬请见谅。

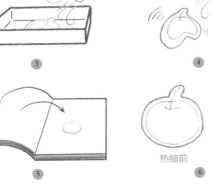

① ② ③ ④

⑤

热缩前　热缩后

⑥

橡皮章与热缩片的结合绝对会事半功倍。热缩片完美保留了橡皮章图案的细节，还可以将之缩小数倍，接着就要看你的创造力啦。吊饰、耳环、手链、发夹、胸针甚至扣子，能做的实在太多啦！

热缩片的使用方法

1. 热缩片是一种特殊的塑料片，在高温下会收缩变小、变厚。先用磨砂海绵打磨一下表面，再把磨出的粉末擦干净。现在也有机器磨好的热缩片出售。然后用章子在磨好的一面盖印图案。

2. 把图案剪下来，剪时小心不要蹭花图案。需要打孔的话记得留出打孔的位置哦。

3. 找一个不用的小纸盒，放入剪好的热缩片，然后用预热好的热风枪对着盒子里的热缩片吹吧！左右轻晃热风枪会更利于受热。

4. 热缩片如被吹到盒子边角处，可以轻颠盒子让它回到中间。平整的热缩片受热时会扭曲变形。

5. 一直吹到热缩片缩小，卷曲的部分也慢慢全部舒展开后，把热缩片倒在空白的大本子里，合上本子放在平整的桌面上按一下即可。

6. 缩小后的热缩片的厚度会比原来增加很多，从薄薄的一片变成一块小牌子。最早盖印时最好选尺寸较大的章子，图案线条也别太细密，不然缩后会糊成一团。

文件夹为什么大多是透明或单色的呢？不如用橡皮章来让它变变身吧。

注意！想在塑料这种不吸水的材料上盖印，需要使用StazOn系列速干万能印台。而且因为材质滑溜溜的，所以盖印时要加倍小心哦！好在盖坏了可以马上用油擦掉，重新再来就好。

软木

软木又柔软又轻便，隔热性能也好，做杯垫、锅垫什么的最合适了！但因为它的颜色偏深，所以只有用更深的颜色或反白才能取得好效果，这样一来对图案也多少有了些要求呢。我个人喜欢搭配比较复古风格的图案，你们呢？

把喜欢的图案盖印在厚卡纸上，再
在背面粘贴软磁铁，一个DIY冰箱吸就
完成了！如此简单，还不快来试试？

羊的眼珠特意没有刻出来，用笔在不同的位置
画上眼睛，它就具有了不同的表情，是不是很有
趣？这类型的图案自己也来设计一个吧！

在可爱的木器上尽情地盖印吧！木盒也好，木盘也好，浅色的木料纹理搭配色彩丰富的橡皮章图案，真是令人愉快啊！

注意！木器表面最好没有上过漆（不然又得使用StazOn系列速干印台了），如果不够光滑可以自己再打磨加工一下。而印台最好选择水分比较少的多用印台，以免印油顺着木料的纹理渗开，影响效果。

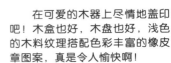

将黏土制作成想要的形状，趁它还柔软时将橡皮章盖上去，就会在表面产生浮雕般的效果。也可以等黏土干透了再在表面进行盖印，这种方法盖出的图案颜色更鲜亮，细节也呈现得更好。

等黏土片干透了再进行切割打磨，就可以加工成各种各样的小饰品了！

与塑料一样，玻璃和瓷器也是既滑溜又不吸水的，虽然也能用StazOn系列印台盖印，但一定要注意一点——色块式的图案很难在这类材质上取得好效果，所以请尽量选用线条式的图案吧。

注意！印好的图案要避免磨擦，否则会脱落哦。

Chapter 4

开始动手吧！

看过了各种橡皮章的使用实例，
现在准备动手来制作自己的章子吧！
需要准备什么工具和材料，
又该如何完成雕刻呢？

你需要……

在刻一枚自己的橡皮章之前，你需要先准备
一些工具和材料，现在就来看看它们吧。

1. 雕刻橡皮

专门为手工橡皮章生产的雕刻橡皮，也被称为
"橡皮砖"，尺寸多样，色彩缤纷，可以在专营橡皮章
工具和材料的网上店铺买到。

国产雕刻橡皮品种繁多，硬度、韧度、手感和特
质都各不相同，要靠自己的实际使用经验选择购买。

通过网购还能买到日本产橡皮砖，代表厂家有
SEED和HINODEWASHI，品质优秀，雕刻手感广受称
赞，但价格较贵。

2. 美工刀

用于切割橡皮砖。刀片推出来切割东西时如果容
易上下左右晃动，就比较难切出干净利落的直线，不过
对基本使用影响不大，可以在购买时检查一下。

3. 笔刀

全称为"笔式美工刀"，刀杆跟笔杆类似，有多
种不同角度的刀片可以更换使用，最常用的是30度笔
刀。台湾省的九洋（9sea）、日本的爱利华（OLFA）和
NT都是广受玩家欢迎的笔刀品牌，有一把成刀之后购买
质量好的刀片进行替换最为经济。

4. 铅笔

木铅笔和自动铅笔都可以。木铅笔HB即可，H（硬
度）高图案会转印不清，B（黑度）高转印时易形成污

染。自动铅笔铅芯粗细无讲究，按个人习惯选就行。

5. 描图纸

又称硫酸纸，大型书店和美术用品店均能买到。
克数与厚度成正比，建议选薄的。透明度高且不易破的
普通半透明白纸也可用。

6. 切割垫板

用于在切割时保护桌面。可选择的尺寸有很多，
按自己能力购入就好。

7. 印泥

按质地大致分为水性和油性。所有印泥都可用于
纸上，还有可用于布料、木材、陶瓷和塑料等光滑不吸
水的材质上的印泥。具体请看后面的介绍。

8. 丸刀

也叫圆刀，刀口呈"U"形，有多种大小，多用于
挖除不要的留白部分。

9. 角刀

刀口呈"V"形，除挖留白还可直接刻章，能刻出
粗细不同的线条，制造出版画般的效果。

常用印台

日产印台TSUKINEKO牌，也称月亮猫牌，是目前占主导地位的印台品牌。价格虽略高但质量过硬，需要注意的只是别看花了眼盲目消费，下面简要介绍一下其中几种常用的。

1. 因为印台盒子的形状也被称为 "水滴" 印台，分为粉彩（VersaMagic）、艺术（MEMENTO）、珠光（BRILLIANCE）三个系列，都属于水性纸用印台，可算现在橡皮章玩家使用最多的日产印台。

粉彩系列质感细腻；艺术系列具有透明感，能做出漂亮的叠色；珠光带有珠光、金属光泽，但不易干透。

2. VersaFine高等细节印台。属于油性印台，能将细节丰富的章子图案表现得非常清晰鲜明，不过全系列色调都偏浓重，基本没有浅色。

3. color palette渐变印台。水性纸用印台，同色系渐变色在印制时能呈现非常漂亮的效果。该系列还有单色和三色搭配款。

4. VersaCraft水性纸、布、木多用印台。用于纸上可能会因为水分稍高而显得有点洇湿，不过盖在适合的布料上表现十分优秀，盖印后用熨斗进行熨烫定色就不怕下水洗涤了。该系列的大盒还有渐变色和彩虹色，另与橡皮章作家小间敬子合作有 "小间敬子特调色"。

5. 蚕豆印台，因为可以套在头指上操作也被称为指套印台。同样是纸、布、木都可以使用的多功能印台。水分相对较低，颜色多样，而且因为小巧便利，在做套色或为一个橡皮章上多种颜色时很受欢迎。

6. StazOn（黑盒）和StazOn opaque（白盒）溶剂型速干印台，前者是深色系，后者是浅色系。可用于塑料、陶瓷、玻璃、金属、橡胶、皮革等一些光滑的涂层面，需要配合专门的清洁剂。照片上右侧的小盒是StazOn Midi，即该系列的中号款，颜色与StazOn重合。

7. VersaMark浮水印台。可以制作出水印效果，而且因具有黏性，是与浮雕粉搭配的专用印台之一。还有笔式款，更加便于使用。

以上介绍的印台只是庞大的印台家族的一小部分，感兴趣的朋友可以自行上TSUKINEKO公司和其他印台制造厂家的官网查看。

手柄的安装

为方便橡皮章拿取和盖印，也为了使章子更加美观，可以在橡皮章底部用手工白乳胶、502万能胶和各种酒精胶水粘贴手柄。木块、积木、棋子等有一定体积的材料都能作为手柄。

橡皮章的清洁与收纳

橡皮章使用完后，用柔软的纸巾压干残留在章子上的多余印油，也可以用面粉为主要成分的儿童橡皮泥按压清洁。想去除印泥，可使用柔和的清洁剂和印章专用清洗剂，但也不可能完全去除印泥的痕迹哦。

橡皮章要收纳在阴凉干燥的地方，收纳盒忌用塑料容器。用透明的OPP小包装袋或自己DIY的小纸袋盛放也是不错的方法。

★阿朴的特别说明：
因《橡皮章中毒1》中对材料和工具等内容都进行了详细讲解，本书作为图案集只简要介绍，不再重复，请见谅。

橡皮章如何刻

橡皮章的刻制方法并不难，先从简单的小图案入手吧。

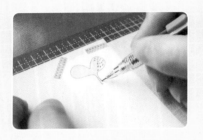

1. 将描图纸覆在图案上，用铅笔描下来。

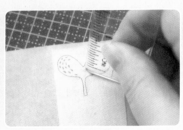

2. 把描图纸画有图案的一面向下盖在橡皮砖上，一手固定图纸，另一手在有图案的地方施力刮擦。转印可用指甲刮，也可用硬币等边缘光滑圆润的东西当工具，只要顺手就好。

3. 固定描图纸的手别动，把纸揭起来看一下是否有漏掉的线条和转印不够清晰的地方。有的话把图纸放下再进行补刮。

4. 转印完成，用美工刀把它从橡皮砖上切下来。

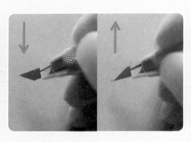

5. 用拿笔的姿势拿笔刀。有刀刃向下和向上两种执刀方式，用哪种全看个人习惯。都尝试一下，找到自己最舒服的姿势吧。我是向上姿势顺手，所以本书中所有出现刻制过程的照片全是刀刃向上的。

6. 笔刀倾斜约40度插入橡皮，沿着图案的轮廓慢慢用腕力推动刀尖前进。注意执刀的手不要动，转动的是橡皮。

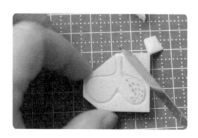

7. 整圈轮廓刻完后转动橡皮，在第一道切口对面，笔刀依然保持约40度倾斜，与第一道切口平行地刻第二条边。

8. 这两道切口完成之后可以挖出横断面呈"V"形的沟槽，一般废料用笔刀尖就能挑出来了。

9. 切去图案四周多余的部分。

10. 接着去除橡皮章外圈不要的一般称为"外留白"的部分。美工刀刀片与橡皮章表面保持大致平行，一边转动橡皮章一边注意刀切到的部分，控制好力度慢慢来，以免割到手。也可以用丸刀把不要的部分削掉。

11. 拿角刀把图案上要挖掉的小点轻轻戳掉。可以先在废料上试试力度再正式动手。

12. 用可塑橡皮在章面上按压，把转印留下的碳粉清理干净。

阳刻　　　　　　阴刻

13. 别用章子去按压印泥，要用印泥轻轻拍击章子表面，这样不仅能看到图案是否拍到了印泥，还能避免印泥沾到不必要的部分。

14. 在纸面均匀施力按压章子，太用力会使盖出的图案扭曲变形。这是一个阳刻章，即所刻图案是凸起形式的章子。对照盖印效果检查一下没有刻到位的地方，然后进行修正就好。

15. 这是阳刻图案和阴刻图案的对比。与阳刻对应，阴刻也就是图案是凹下去的刻章方法。两种刻法呈现的效果各有特色，自己也来试试吧！

掌握了基本雕刻方法，还有一些小技巧在这里进行一下简单的介绍。

角刀刻法

1. 角刀与笔刀不同，短推一刀能刻出短线，反之则是长线。下刀轻线条就细，反之则粗。下刀时重些然后逐渐放轻力道，就能刻出由粗到细的线条。先在废料上试着多刻一些线条，再来挖除叶子中间代表光泽的空白部分吧。

2. 注意光泽的走向，转动橡皮尽量流畅地刻下去。越亮的地方角刀刻得越多、越密，被挖掉的部分也越多。由于角刀的随意性相对较大，所以刻好一部分后就试印一下，随即调整不到位的地方会更好。

3. 在自叶子中间分别向两端由重到轻地推刀之后，光泽被较好地表现出来。

挖除圆形

1. 想像自己在挖除土豆上长出的芽或挖苹果上烂掉的部分。刀尖插入橡皮后保持不动，转动橡皮让刀刃沿图案轮廓进行雕刻即可。

2. 顺利挖除后会得到底部呈现锥形的废料。因为我是向上执刀的，所以逆时针转动橡皮来刻，如向下执刀就是顺时针旋转哦。

3. 太细小的圆形用笔刀挖又累又不圆，用针、牙签、大头钉、锥子、自动铅笔尖等扎就行了。施力越大，扎出的孔就越大，想保持大小一致就要注意力度。

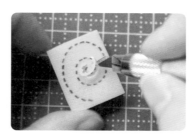

1. 在虚线的小段线条之间用刀尖走连续的"S"形。

2. 刻完后反向挖出"V"形沟槽，这样能清楚看到已经刻好的部分。

3. 虚线的另一边继续走"S"形，与第一道"S"形刀路正好反向交错。这样刚好切掉虚线间的留白部分又保留了断开的短线条。有很多圆点的图案也可以按这个方法来处理。

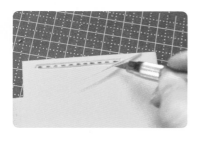

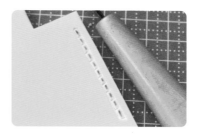

4. 直的虚线更好刻。先将直线外圈雕刻出来。

5. 再用角刀将虚线间的空白挖除。

6. 注意控制好力度，就可以刻出规整干净的直的虚线啦！

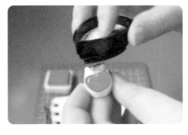

1. 懒得套色，又想在一个章子上同时呈现几种颜色，可以采取分开上色的办法。像这样先利用印台的尖端为苹果的果实小心地拍上红色。

2. 再转过来为苹果叶拍上绿色。如果不小心沾到了不必要的地方，可以利用棉签或纸巾轻轻擦掉拍错的印泥，再重新上色。

3. 盖出来只有果实顶端沾到了一点点绿色，不影响整体效果。除了分开上色，还可以用海绵指套醮取印泥，点在需要着色的部分，更加灵活方便。

★阿朴的特别说明：
因橡皮章雕刻方法在《橡皮章中毒1》《橡皮章中毒2》中有非常详细的讲解，
本书作为图案集在此只做简要解说，不再重复，请见谅。

▼

图案集

不要拘泥于什么图案要使用在什么材质上，
只要实际效果好就没问题。
这里除了实例中的图案，
还加入了一些前面没有出现的图案哦！

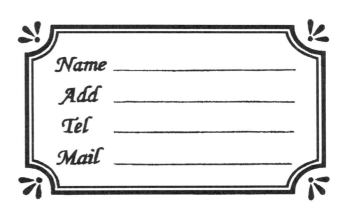

Name _____
Add _____
Tel _____
Mail _____

·NAME _____
·ADD _____
·TEL _____
·MAIL _____

（沿虚线剪下）

（沿虚线剪下）

（沿虚线剪下）

（沿虚线剪下）

JUST FOR YOU!

Hello.

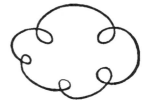

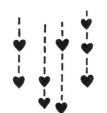

（沿虚线剪下）

（沿虚线剪下）

（沿虚线剪下）

（沿虚线剪下）

新年卡 · page 009

Happy New Year

I LOVE U

母亲节卡 · page 010

You mean everything to me

情人节卡 · page 012

Happy Birthday

生日卡 · page 013

信纸 信封 · page 014

纸袋 · page 016

利是封 · page 018

吉祥
如意
新春快乐

（沿虚线剪下）
（沿虚线剪下）
（沿虚线剪下）
（沿虚线剪下）

纸杯 纸盘·page 021

包装纸·page 022

MEMO便利贴·page 023

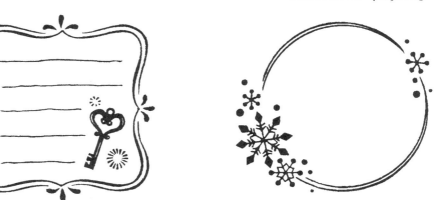

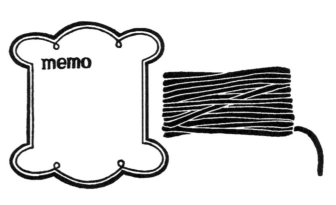

标签贴纸 · *page 025*

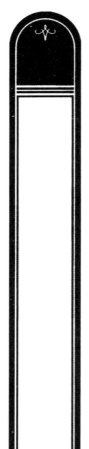

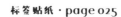

（沿虚线剪下）　（沿虚线剪下）　（沿虚线剪下）　（沿虚线剪下）　（沿虚线剪下）

封口贴 · page 027

假邮票 · page 028

吊牌 · page 030

本册装饰 · page 031

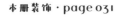

藏书票 · page 032

EX-LIBRIS

EX-LIBRIS

EX-LIRBIS

EX-LIBRIS

（沿虚线剪下）（沿虚线剪下）（沿虚线剪下）（沿虚线剪下）

Planner
To Do List

0 1 2 3 4
5 6 7 8 9

纸胶带 · page 038

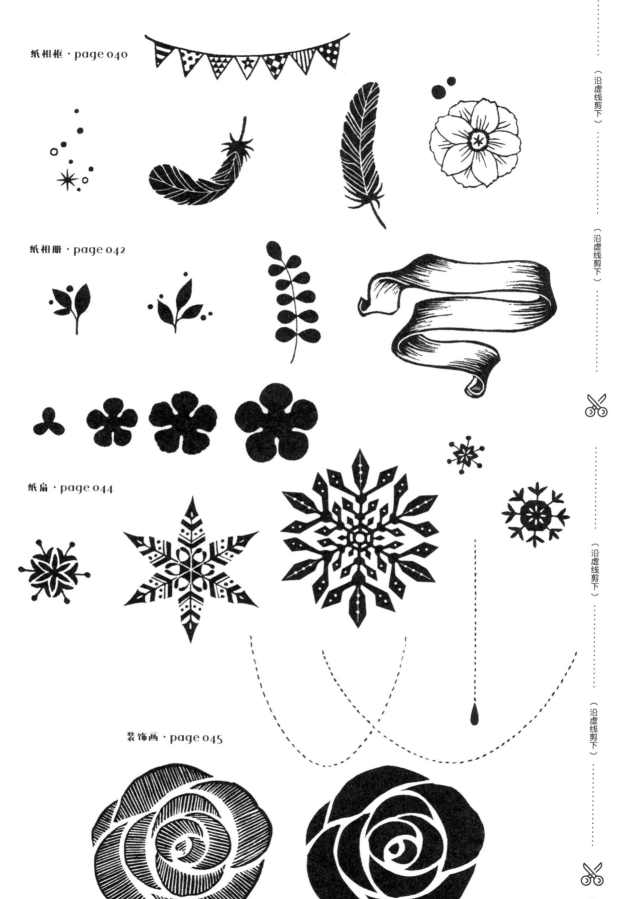

纸相框 · page 040

纸相册 · page 042

纸扇 · page 044

装饰画 · page 045

（沿虚线剪下）

（沿虚线剪下）

（沿虚线剪下）

（沿虚线剪下）

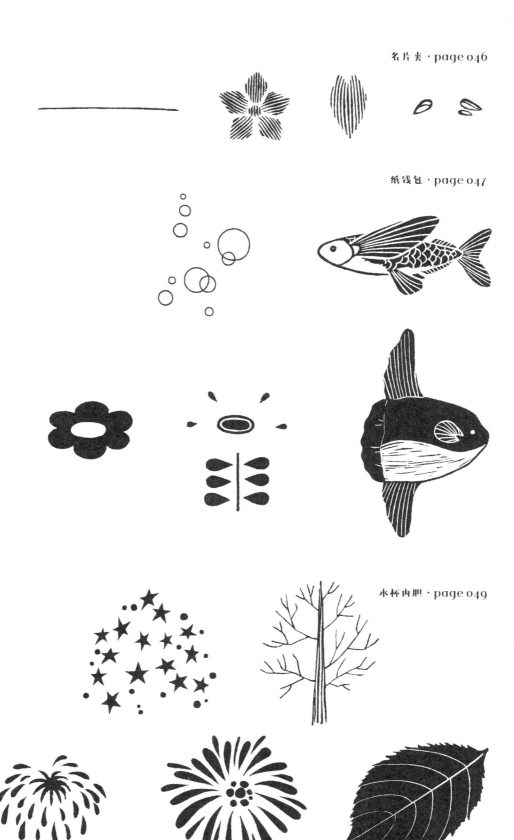

纸钱包 · page 047

水杯内胆 · page 049

T恤 · page 051

布袋 · page 052

（沿虚线剪下）　（沿虚线剪下）　（沿虚线剪下）　（沿虚线剪下）

手帕・page 055

雨伞 · page 056

布书衣 · page 057

包扣 · page 058

火漆 · page 060

（沿虚线剪下）

（沿虚线剪下）

（沿虚线剪下）

（沿虚线剪下）

塑料·*page 065*

（沿虚线剪下）

软木 · page 066

磁铁 · page 067

木材 · page 068

（沿虚线剪下）　（沿虚线剪下）　（沿虚线剪下）　（沿虚线剪下）

（沿虚线剪下）

（沿虚线剪下）

黏土·page 069

（沿虚线剪下）

玻璃和瓷器·page 070

（沿虚线剪下）